青少年
职商养成
系列

程序员适合你吗

COMPUTER PROGRAMMER

雪莉·邦妮斯（Shirley Bonnice）著

靳楚楚　赵月 译

（适合初、高中生使用）

系列丛书顾问：

大学 教育领导学顾问

利诺斯大学 前白宫品质塑造顾问

谢尔丽·R.果洛
(Cheryl R.Gholar) 博士

中国劳动社会保障出版社

图书在版编目(CIP)数据

程序员适合你吗/(美) 邦妮斯 (Bonnice, S.) 著; 靳楚楚, 赵月译. —北京: 中国劳动社会保障出版社, 2014

(青少年职商养成系列)

书名原文: Computer programmer

ISBN 978-7-5167-1336-5

Ⅰ.①程… Ⅱ.①邦…②靳…③赵… Ⅲ.①程序设计-青少年读物 Ⅳ.①TP311.1-49

中国版本图书馆 CIP 数据核字(2014)第 252198 号

北京市版权局著作权合同登记号　01－2014－3908

中国劳动社会保障出版社出版发行

（北京市惠新东街1号　邮政编码：100029）

*

北京印刷集团有限责任公司印刷二厂印刷装订　新华书店经销

880 毫米×1230 毫米　32 开本　2.75 印张　64 千字

2014 年 10 月第 1 版　2014 年 10 月第 1 次印刷

定价：12.00 元

读者服务部电话：（010）64929211/64921644/84643933

发行部电话：（010）64961894

出版社网址：http://www.class.com.cn

每个人都会在世界上留下独一无二的印记。
职业生涯让我们的印记更为深刻，
我们一生从事的工作便是我们的职业。
我们选择做有意义的事情，
这塑造着我们的品质。
倘若把职业与品质相结合，
我们将更坦然地面对这个世界。

前言 QIANYAN

如今，职业选择和坚守职业开始让很多人感到畏惧，过去的几十年间，人们从未想过职业问题会和人们的生活如此息息相关。无论就业市场景气或萧条，并不会影响到用人单位把具备“良好品质”作为招聘人才的首要考虑。公司或机构做出关乎未来发展的重要决策之际，员工的工作表现和职业道德往往成为决定他们去留的关键因素。

人们如何在职业生涯和生活中取得成功呢？对此，奥地利心理学家维克多·弗兰克在《人对真谛的探索》的前言中总结了成功的定义，成功即“人在投身于一项远高于自身能力范围的事业时无意中产生的副作用”。讲授或学习本书的目的在于使读者以更高层次的认知和品质来应对生活，面对职业，从而实现自身价值。对我们个人来说，成功的因素深深植根于我们的信念当中。寻求与我们的个人品质相符的绝佳职业，为之准备，并最终获得这份职业着实是一个远大的目标。然而，优秀的品质可以为我们带来称心的职业，这一现象真真切切地展现了人们把意义、目的和价值融入工作的需求。

我们可以从职业教育了解就业机会、职业前景、职业收入及特定工作所需的准备。品质教育则更加深入地探讨了具备良好品质的人如何在面对道德困境时采取行动或表现出某些行为。本书结合了职业教育和品质教育两者的精髓，让学生明白职业不仅仅是一份工作。没有品质培养的职业发展不会是完整的。若要探索职业与品质的内涵，最好的办法就是将两者融合到一起，以开放的心态找出自身不足，进行反思，从而了解自身更深层次的价值，理解选择做一名品质高尚的员工是我们自身价值、工作意义之所在。

品质可以简单定义为“无旁人时的为人”。人的品质体现在自身选择与行动上，它们承载着你的个性标志，证实你是怎样的一个人；它们是你为曾经遇到的人、曾经认识的人留下的独特印记；它们是你带入现实的想法。正是这些选择揭示了你真正的信仰。

当品质成为衡量优秀的标准时，不禁让择业的我们扪心自问：“为什么选择这个职业？目的何在？结果会怎样？”本书作者凭借渊博的知识、无比的热情，结合各种例证，将带领读者开启一次智慧与道德的心灵之旅。青少年职商养成系列丛书为学生提供实战学习机会，让他们在今后生活中面对抉择时，能够更加胸有成竹。但本书并没有将个人品德修养与学术技能或专业知识割离开来，毕竟这些技能与知识是工作所必备的，这有助于学生在职业发展中有所建树，实现自身价值。

丛书的每种书中均包含有丰富的行为榜样、实践策略、教学工具和实际应用。每种书中都讲述了品质高尚者如何致力于道德领导，告诉我们如何妥善处理是非问题，甚至是在肯定的选择间做出更优的选择，了解自己的决定可能带来的后果。对此，书中提供了大量范例。

就职业而言，是什么让我们一心一意想要实现这样一个梦想呢？答案很显然——我们的品质。要想知道我们究竟是怎样的人，究竟是什么照亮了我们的人生，最真实的方法就是洞察内心。职业发展的重中之重是良好的品质。而良好品质的核心在于这个人了解且热爱真善美，想方设法与他人分享。对职业和品质的共同探索让我们创造出互相支持提升的内外部环境，使学生在生活中尽可能时刻有意识地注重个人品质，真正地充实自己。

“做对的事”和“把事做对”二者有区别吗？职业问题通常是

"对某某职业，你都有哪些了解?"品质问题则是"既然你已经了解了某某职业，那么你能用你所掌握的知识做些什么呢?""即便没人在身边，你会如何完成某某任务，如何提供某某服务呢?""不论他人的社会经济背景、身体状况、道德水准或宗教信仰如何，你是否都可以做到一视同仁，为其提供最好的服务呢?"我们在工作和个人生活中经常声称自己坚信并且珍视一些东西，品质问题就是用来检验这些话是否属实。

品质和职业问题共同促使我们关注自身生活，不在工作时打瞌睡。职业知识、自我了解以及道德智慧有助于我们解答有关工作意义的深层问题，为我们提供机会改变自己的人生。个人诚信是这一转变的必备条件。

一个"普通人"的洞察力足以撼动这个世界，但前提是这个人相信品质是给予人们的神奇礼物，它会开启人们的智慧与天赋，赋予人类社会力量。这个需要职场上的平民英雄，本书向学生们提出挑战——成为这样的英雄。

谢尔丽·果洛 博士

欧内斯廷·G. 里格斯 博士

目　录 MULU

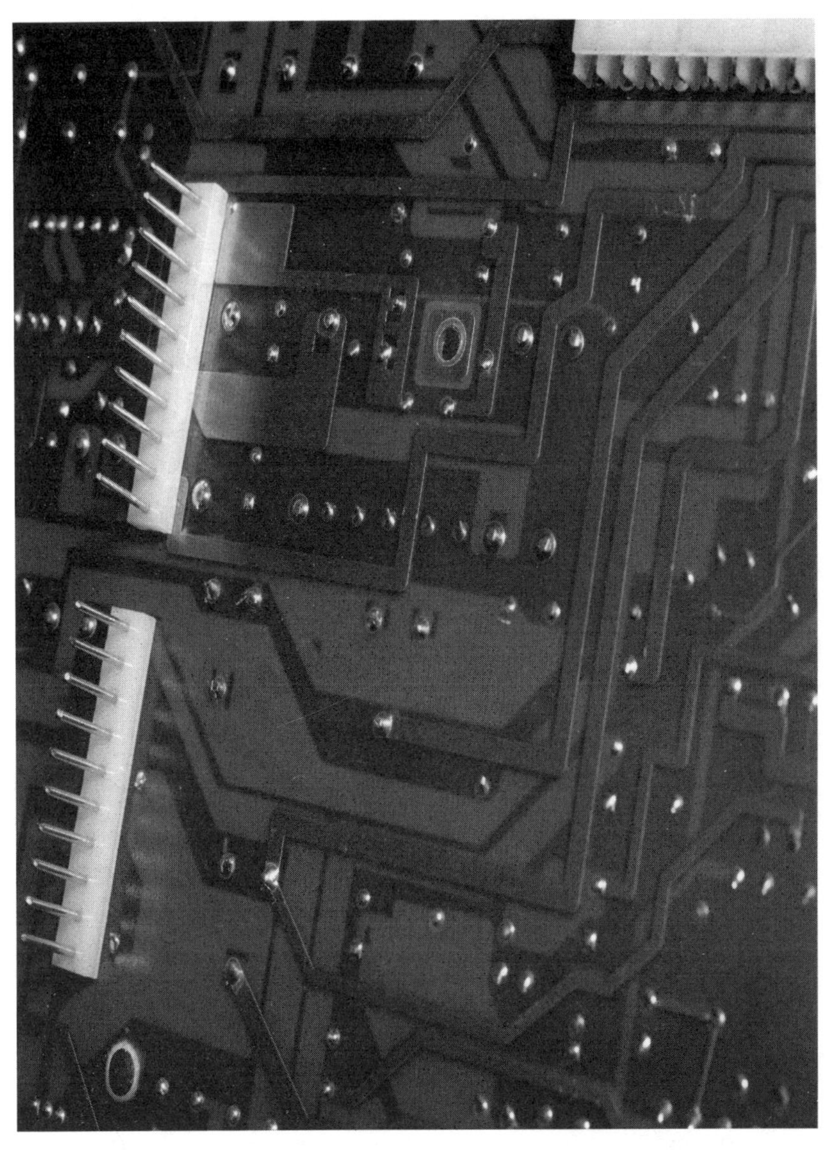

计算机领域需要高超的专业技能——同时也需要优良的品质。

1. 职位要求你了解吗？

展现良好的品质特征会对你的职业发展有所帮助。

1981年，莱纳斯·托瓦德刚满11岁，爷爷送给了他人生中的第一台计算机。从此，这个芬兰小男孩便与计算机结下了不解之缘。他潜心钻研，用培基设计出了他人生中的第一个简单程序。基于这次小成就，他又编写出了自己的一部视频游戏。后来，在赫尔辛基大学计算机科学专业求学期间，他买了一台型号为33－MHz 386的个人计算机。因为这台计算机的**操作系统**满足不了他的需求，但他又买不起更强大的Unix系统，所以他萌生了一个想法：他决定自己研发一个操作系统，Unix的**翻版**！这只是他诸多大胆决定的开端，这些决定在今后对全球计算机领域产生了深远影响。

在研发新操作系统**内核**的那段日子里，托瓦德经常在网络上与其他程序员分享喜怒哀乐。1991年，托瓦德亲自设计的源程序Linux问世了，这一年他只有 22 岁。紧接着，他又做出一个重要决定：将程序源代码免费公布在互联网上。这个慷慨的决定让全世界任何角落的用户都能互相合作，不断提高系统性能，与其他网络用户分享成果。从本质上来说，托瓦德搭建了一个平台，让所有程序员都能在这个平台上一起改造计算机系统。

如今许多年轻人都热爱计算机，经常几小时几小时地钻研计算机性能——这种经历为他们打下了扎实的知识基础。如果你对计算机编程工作感兴趣，你可以像托瓦德一样从小学起。

优良品质原则

1. 决定你品质的是行为，而非言语或信仰。

2. 你每做一次选择都是在进一步塑造你的为人。

3. 好的品质要求你做正确的事情，即便需要承担一定的风险，甚至有所牺牲。

4. 没必要把他人最糟糕的行为当成自己的底线，你可以选择做得更好。

5. 你的作为意义非凡，有时仅一个人的力量便可以改变世界。

6. 良好品质的回报就是你会变得更加出色，世界也因此变得更加美好。

信息来源：改编自 www. goodcharacter. com 相关资料。

虽然说只要同时拥有计算机和浓厚的兴趣，几乎每个人都能精通计算机编程工作，但用人单位在招聘时还是会更青睐那些获得计算机科学、数学或信息系统专业学士及以上学位的人。会计、库存管理等商务相关专业的人有时也会学一些计算机编程课来扩充自己的知识储备。某些专业领域要求拥有硕士学位。

虽然计算机编程师如今仍在使用诸如 Linux 的程序，但大多数人

C++和 Java 等编程语言构建了运行计算机的各种程序。

还是在为雇主研发特定的程序。金融程序员与软件市场电子游戏程序员两者的教育背景有较大差异。通常程序设计出来后，程序员进行一步步转化，最终使计算机能以逻辑顺序处理软件。这些指令都是由编

程语言编写出来的，如 C＋＋或 Java。程序写成后要马上进行测试。纠错工作的周期很漫长，可能需要几个晚上，也可能需要几个周末。托瓦德保留了 Linux 的版权，这样他就能保证每个新版本软件在问世之前都必须经过测试。程序员们也是以这种方式来保证自己研发的软件具有严谨性。

第一台计算机

世界上第一台计算机于 1946 年问世。机长 3 英尺，宽 8 英尺，高 100 英尺，重达 30 吨。

如今的计算机小到可以放在书桌上或塞进公文包中。
相比之下，早期计算机的体积十分庞大。

计算机能手可以选择侵入私人计算机，也可以选择为世界造福。每个人都要为自己的行为做出选择。

系统程序员设计维护和控制软件的程序。他们主要负责设计操作系统，如 Linux，也负责设计网络系统及数据库系统。应用程序员专门负责设计承担具体工作的程序，如计费系统或库存追踪系统。他们可能会修改现有系统，使之更符合雇主的需求。

传输控制协议/互联网协议

直到1983年，世界上才出现统一的计算机语言供人们互相交流。罗伯特·卡恩和文顿·瑟夫首创了这种标准计算机语言TCP/IP，即传输控制协议/互联网协议。这个发明造就了我们今天使用的互联网。

计算机产业中发展最迅猛的市场之一是软件开发市场。开发打包软件内容广泛，从电子游戏软件到教育软件，再到电子制表软件不等。多数计算机程序员，包括那些研发并售卖软件的计算机程序员都在计算机和数据处理服务领域工作。

计算机程序员

大概8岁那年，马克·安德森从图书馆借阅了一本书，凭借这本书他学会了基本的编程语言。六年级时，他用学校图书馆的个人计算机写出了自己的第一个程序，帮自己完成数学作业。

到了高中，他设计出一个交友程序帮同学、朋友找约会对象。1992年进入大学后，他成为伊利诺伊大学国家超级计算机应用中心的一名兼职计算机程序员。他说服了中心的另一位同事埃里克·比纳和他一起研发网络浏览器。两人随后召集人马组成了一个团队，创造了以"指向—点击式"导航为特色的NCSA Mosaic浏览器模型。

1993年，马克获得伊利诺伊大学计算机科学专业学士学位，之后进入德克萨斯州奥斯汀的IBM总部实习。百万富翁詹姆斯·克拉克，也就是硅谷图形公司的创始人，询问马克是否有意成立新公司。凭借克拉克投资的四百万美元，他们于1994年4月成立了马赛克通信公司。同年10月，公司改名为"网景"。该公司后来研发了一款20世纪90年代风靡全球的网络浏览器。由此我们可以看出，进入计算机编程领域后，你永远不知道未来会发生什么！

计算机程序员活跃于学校等诸多领域。

最高法院法官克拉伦斯·托马斯对品质的看法

我总在想我们能否做到不指责别人，多找找自己的毛病。我总是扪心自问，我是不是经常看到周围人的缺点，而忽略了自身缺点呢？

比如，一个品质高尚的人是家庭和社会的中流砥柱，而且绝对是大家的楷模。

良好的品质并不需要我们有过人的智慧、高贵的出身或是巨大的财富，也不需要我们有什么卓越的成就或惊世骇俗的举动。看看我爷爷奶奶那代人的生活——种族隔离的重压之下，他们几乎不识字——我意识到每个领域的人都能在自己的那片天地为世界带来改变。倘若没有爷爷奶奶，我和哥哥又怎么会来到这个世界上呢？我们每天做的事，看似平凡，却铸就了我们的习惯，也对后代产生了深远的影响。我们每个人都有影响他人生活的潜力，当然也包括我们自己的生活。

“品质重要吗？”答案是肯定的——“品质是一切的根本。”

信息来源：www.heritage.org。

在不同领域工作的程序员可以接触到机密信息。很多情况下，公司或客户的各种信息是编程的必需材料。为政府工作的程序员还可以接触到关乎国家安全的机密信息。“9·11”的惨痛教训告诉我们，对全体政府机关工作人员来说，保证国家安全是最主要的任务。

加拿大推广计算机及提升计算机对未来就业的价值

1998年10月15日，加拿大工业部部长约翰·曼雷在安大略省多伦多发起了加拿大校园网基层全国运动。在省、市、区的通力配合下，该运动鼓励老师和学生发展课堂在线学习项目。其宗旨是让学生在学术、技术方面双向发展，更好地应对未来就业。

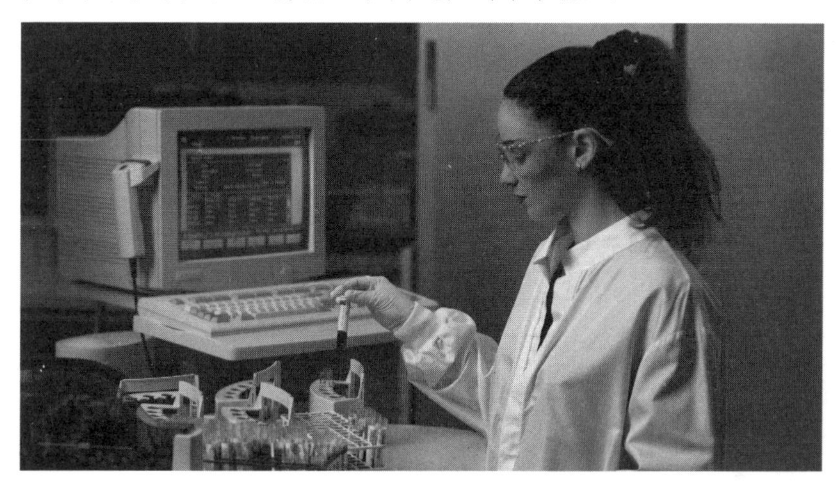

如今，医药科技完全依赖于计算机程序。

这样的例子告诉我们，在计算机编程领域，只有知识是远远不够的。如今，许多人并没把自己高超的计算机技术用于正道。他们**侵入**私人计算机盗取信息，进入他人银行账户；制造毁灭性**病毒**，让社会蒙受高达几百万美元的损失。这些臭名昭著的黑客让雇主倍加小心，雇主愿意雇用品质高尚的程序员。

品质至上联盟（Character Counts Coalition）主席迈克尔·约瑟夫森认为，品质不仅会改变我们自己的生活，也可以让周围人的生活大不相同。重视核心价值的雇员会在工作中展现这些优良品质，也会像我们希望别人对待自己那样去对待别人。我们选择尊重他人时，也大大增加了赢得他人尊重的概率。我们展现良好品质时，也是同样的道理。

接下来的章节会介绍许多成功 IT **工程师**必备的积极品质，包括：

- 诚信与守信
- 尊重与同情
- 公平与公正
- 有责任心
- 有勇气
- 自律与勤勉
- 遵守公民义务

“控制自己的态度并非易事。”约瑟夫森承认，“品质可以控制那些强烈的、本能的情感，把消极态度导向积极态度。那些能够做到的人，会生活得更美好，也会让整个世界更加美好。”

拥有这些品质的计算机程序员将为我们的世界带来巨变。

生活的幸福程度取决于思想的质量。因此需要注意的是，不要有任何违背美德和善良天性的想法。

——马可·奥里利乌斯

计算机程序员工作刺激，报酬可观。面对工作压力，
他们很容易丢失诚实可信这样的品质。

2. 诚实与守信你能做到吗？

当你的决定会影响到他人时，做出正确的选择将尤其困难。

马特·富兰克林和他的商业伙伴金·李曾负责为县议会委员建立一个交互网站，这是他俩签订的第一个区域政府合同。同时竞标的还有四家公司，马特和金觉得他们的要价比其他公司更合理，县政府也这么认为，所以二人顺理成章地赢得此次项目。报酬很固定，不按小时收费，会在网站建完的一年维护期后结算，一次付清。对他们来说，制订工作计划表很重要，这样才能保证有钱可赚。

该网站可以让议员回答有关议题的问题，以便委员更加及时有效地与当地群众进行沟通。马特和金与委员们多次碰面，商讨了网站的建立计划。直到收集到所有必需数据后，马特才松了口气。他和金现在要忙着选字体，设计合适的插图，确保网页中每个模块衔接良好。如果网站不能快速加载或不易导航，人们就不愿再使用了。他们的想法很简单，为客户提供一个方便更新的网站。

定义：

诚信（名词）：诚实，守信用。

计算机程序员经常以团队的形式开展工作。

当两人一起工作时，敞开心扉的沟通是诚实、正直工作的必要部分。

金负责编写代码，马特负责测试环节，确保工作按照预先的计划有条不紊地进行。当所有的独立代码完全连接起来时，他们开始测试网站了，一切都进展得十分顺利。网站登录速度很快，网页与网页之间的载入速度也很快，委员要求的记录信息也很清晰。最后，在提交最终版本给委员前，马特和金又重新检查了代码，确保不会出现突发状况。

马特检查程序代码时，注意到除了网站使用起来简单了，代码语言的转换也简单起来。因为他们需要定期维护网站，金把它设计得易于修改，这样维护起来就方便许多。但弊处在于这样一来任何人都可能修改数据，委员们绝对不会允许此类事件的发生。网站应该保证绝对安全。当地政府想要了解选民们的真实想法以便委员们更好地完成议会工作，议员们也希望选民可以畅所欲言。

你是一个正直的人吗？（请依据以下测试进行自我评测。回答“是”或“否”）

1. 我总是尝试着做对的事，尽管要付出巨大代价或遭遇困难。

2. 我是个诚实、真诚、直接的人。

3. 我不说谎、不欺骗、不偷盗。

4. 我不会故意误解他人。

5. 我不会因诱惑而妥协自身的价值观。

正直是你赐予自己的礼物，也是赐予世界的礼物。

马特不知道该怎么做。如果他向金抱怨，就意味着要浪费几小时重写代码。这额外的几小时意味着大量资金流失；他们已经就价格达成一致，不能再修改价格了。但如果他们不改代码，可能会有人发现这个漏洞，利用这个漏洞修改选票。如果被当地政府发现了，马特和金可能会丢掉这份合同。当然这仅限于被人发现了如何修改选票。

专业诚信测试：

（回答是或否）

人生没有删除键——因此涉及品质问题时，我们要小心谨慎地做决定。

1. 如果你秋天完成了一份研究论文，而它可能也正好适合你春季课程的另一门课，你会重复使用它吗？

不会——最好的方式是跟老师谈谈，告诉她你打算上交一份之前课程的论文。老师可能会要求你重新写一份。

2. 如果班里一位同学提前参加了考试并在你考试前告知你，你会向他询问考试的一些问题吗？

这可能会为你带来优势，但对其他同学而言很不公平。这是不诚实的表现。

3. 如果你根本没时间了，但数学作业还没有开始做，你会抄同学的作业然后交了吗？

这样一来，你不会从练习中学到任何知识，而且这种看似完成作业而实际没做的行为是不诚实的表现。

4. 如果考试中发现一位同学正在用手机给别的同学发答案，你会

生活充满了权衡的艺术——权衡正直和利益绝非易事。

警告他们或者向老师举报吗？

你应该和那个学生还有老师就此谈谈。否则，你就是在纵容学术欺骗。

信息来源：改编自密苏里大学学生权利与义务办公室相关资料。

马特应该怎么做？追求更多利益是不是更重要？当然，也可能不会有人发现这个漏洞。他和金应不应该打造出一个百分之百令他们骄傲的产品来满足客户的需要？

根据杰弗逊道德机构的调查，任何会影响到其他人的决定都有道德影响——诚信是核心道德标准之一。根据杰弗逊道德机构设定的原则，马特在做决定时需要：

1. 注意并避免他的不道德选择，即那些他认为不正确的事。道德承诺意味着做正确的事，尤其是在牵涉物质、精神甚至社会代价时。道德高尚的人要有勇气面对他们的良知。即便马特和金要为此付出代价，他们也必须要在他们想要得到的和他们想要成为的人之间做出选择。

2. 诚然他希望在工作中、在生活中赢得他人的信赖。马特会跟一些认识的人一同工作。马特的一些同事或朋友会在需要跟县委员沟通时，登录这个网站。马特意识到他想要其他人——他的朋友、泛泛之交以及他不曾谋面的人把他当作可信赖的人。

3. 意识到有质疑的感觉意味着他知道不向顾客提供最优的服务是不正确的。当别人为他工作时，他也会希望得到同样的待遇。他希望他的孩子也这么做……当然他希望自己也可以做到。

4. 与金讨论一下这个问题，了解她为什么要这么写代码——这很可能是他们负担不起的安全问题。马特没有打算与金争论，但是他知道如果金是那个犯下这个大错的人，他会希望金能告知自己。

5. 重新评估以后的项目如何竞标。需要修改的编码可能并不是全部问题。或许他和金需要反思他们如何竞标，如何计算劳动时间，是否为失误留出足够的余地。当然，他和金对编程的程序可能出现的各种情况、各种失误要有所准备。建立更完善的投标书可以为以后省去很多麻烦。马特也要清楚为当地政府工作会为他们提供更多的机会。未来的工作收益会弥补这次工作带来的损失。

基于以上这些原则，你认为马特会采取什么措施呢？如果你是他，你会怎么做？

诚信并不是得到我们想要的，而是成为我们想要成为的人。诚信不关乎我们的失得，而是我们选择做完人，对得起亲人的尊敬，对得起自己的这份自重。诚信关乎荣誉，而非成功战略，它是对人生的一种选择。

——迈克尔·约瑟夫森

成为讲诚信的人
讲实话。
信守承诺。
言必行。
诚实对待自己。
即便无旁人也选择做正确的事。

如果一个人允许自己说谎，那么他第二次撒谎时会发现这次比上次更容易了，直至撒谎成瘾。他会不自觉地撒谎，但也不会有人再信他说的话。这种话语习惯会导致品性的转变，最终侵蚀整个人的良知。

——托马斯·杰斐逊

正直地交谈。
只说想说的话。
避免说违心的话，避免八卦别人的事。
用语言的力量赢得信赖与爱。

——唐·马戈·瑞资

计算机程序员一起工作时，他们的关系就好比决斗——
或者他们也可以带着对对方的尊重和热情一起工作。

3. 尊重与同情你能做到吗?

有时候要想透过问题的表象去发现真正阻碍成功的障碍需要下大功夫。

“不要太担心，”曼尼叹了叹气，“皮特，没有你的测试结果，我无法继续这个项目。我的截止日期是下周二。我也需要时间来处理你的数据。”

皮特摇了摇头，笑了。“拜托，放轻松点。你还有大把时间呢。”

曼尼走回到办公桌旁。他和皮特正在更新公司的计费系统，这个项目已经分配给他们一个多月了。通常，每个人分别独立负责项目的目标文件，之后再汇总这些文件，最后由项目经理进行测试。但是此时，项目经理去度假了，所以曼尼需要负责连接好计费代码并确保周二截止日前系统测试良好。

尽管曼尼觉得他和皮特既是朋友也是工作伙伴，但自接手该项目以来，他感觉皮特发生了些许变化，有些地方变得不太对劲。皮特的态度变得粗鲁起来，而且他回避和他谈论工作上的问题。

他们以前经常一起探讨工作上的问题，对于那些特别棘手的编程问题，他们也会互相帮助。现在皮特总是急急忙忙地应付一下就结束谈话，事后问题还是没有解决。皮特甚至连棒球也不想讨论了。

定义：

尊重（名词）：尊敬。

同情（名词）：对于别人的遭遇在情感上发生共鸣，并希望其获得解脱。

优秀的程序员不仅需要计算机技能，也需要和同事相处融洽。

道德抉择总会在与他人的谈话中闪现出来。尊重与
富有同情心的良好品质会助我们一臂之力，走出困境。

又过了一天，曼尼仍未收到任何皮特的编码。他给皮特发的邮件也没有回复。曼尼需要采取行动了。他有些失望，有些生气，但他想再试一次，让皮特跟他说说到底发生了什么。曼尼想到一个新法子。

“嗨，皮特，最近怎么样?”

“不怎样，那编码还没弄好。曼尼，你难道看不出我在忙吗?”

“我跟你一起看看程序怎么样？或许我们可以一起编程。”曼尼提议说。

道德抉择框架

有道德的人会把他人的需求记在心里。面临两难境地时，我们可能会问及自己以下问题：

- 这事对自己、他人或社会有害吗?
- 与事情相关的事实有什么?
- 个人或集体的利益是什么？每个人的利害关系是什么？有没有

人由于特殊需要（如贫穷或无权参与）或我们的特殊义务而需要更多?

- 我们的选择有哪些?
- 哪种选择能带来最广泛的益处且把伤害降到最低?
- 哪种选择能让我们进一步发展我们作为个体、专家或社会成员所重视的品质特征?

信息来源：改编自马库拉应用伦理中心相关资料。

“什么？你不相信我自己能处理好吗?”皮特砰地关上文件柜。曼尼觉得皮特有所隐瞒。

“皮特，别这样。我只是想帮你。有什么问题吗？是不是程序的哪些部分出问题了？还是客户给的数据有问题?”

“不，一点问题都没有。我只是需要时间把它做完，好吗，曼尼？我会把它做完的。让我工作吧。”

曼尼离开皮特办公室后，感觉更糟糕了。他得找到那些数据，不然没法检查自己的数据和这些数据是否有连接问题。

尊重和同情心要求我们给他人一个解释观点的机会。

皮特是一位优秀的程序员。曼尼知道这点，因为他们之前总在一起

工作。这次这个项目并不难，但他们得保证各部分衔接良好，产品在运行时不能出差错。皮特需要从客户那里取回原始数据，开始编码。

曼尼不想找老板。他知道这样的话皮特会接受一个全面的检查，他可能会6个月一直处于检查期，而且他的工作将不再单由项目经理全权监督，而是还包括更高层的管理人员。

如果我能使一颗心免于破碎

如果我能使一颗心免于破碎，
我将不虚度此生。
如果我能减轻一人的痛苦，
或平息一人的伤痛，
或帮助一只昏迷的知更鸟
重返它的巢居，
我将不虚度此生。

——埃米莉·狄金森

计算机程序员与很多工作者一样，必须时常与他人打电话或面对面交流。良好的沟通能力可以使工作更加顺畅。

如果还有别的选择，曼尼也不想让他的朋友处在这样的境地。但是，他还能怎么做呢？

综合考虑了各种情况后，曼尼打算从皮特的角度看看问题所在。如果他是皮特，他会怎么想，怎么做呢？皮特知道周二是最后期限，他和曼尼一起工作时，他们总能在期限前完成工作。皮特也知道若在以前，曼尼有编码问题一定会寻求自己帮忙解决的；事实上，他们曾经共同探讨此类问题，也一同攻克这些难题。就曼尼所知，皮特在家时状态还不错。因为就在昨天，曼尼在零售店碰到了皮特的妻子吉尔，她还说他们的暑假棒极了。她看起来生活得很幸福，所以曼尼觉得皮特的问题跟家庭无关。那么就只剩客户的数据了，会有什么问题呢？

如果你只需要掌握一个简单的窍门，就足够跟所有人相处融洽。如果你不能设身处地站在他人的立场看问题，你就永远无法真正地理解这个人。

——文章节选自哈勃·李所著的《被玻璃杀死的小嘲鸫》（*To Kill a Mockingbird*）一书中阿提克斯·芬奇对女儿讲的话。

代码分析员

程序员必须尽可能写出最高效率的程序。为实现这一点，程序必须在占用最小的记忆、存储空间的同时，保证高速的加载。

想要编出最理想的程序，就要用一些特殊的程序分析检验源代码。有了这些信息，程序员就能写出运行速度更快的程序了。

作为临时项目经理，曼尼打了几通电话。在询问了几个联系人后，他终于发现了问题所在：数据并没有发给皮特。问题不在皮特，在于客户。他们并没有依照合同履行自己的义务。但为什么一开始皮特不直接告诉他呢？

“嗨，皮特。”曼尼笑着走进朋友的办公室。

“恩，我知道你要说什么。是不是要问我那部分完成了吗?”皮特往后推了推椅子，抓了抓头。他看起来很疲劳，心事重重的样子。

“不，我只是想告诉你我知道那些数据你还没收到。”

“你是怎么知道的?”皮特问道。

“恩，我找不出哪里出了问题。我也知道这不是你对待项目的一贯作风。所以我打了几通电话。为什么你不告诉我?”

皮特叹了口气，说：“我只是觉得这是我的工作，这是我自己的问题。我不能每次一有问题就找你。我能处理好自己的事。而且，我不想因为我们是朋友就老让你冒险。我的意思是工作毕竟是工作。”

“哎，我们是一起工作的啊。我并不是在带你走出困境——我们只是需要找到其他方法让客户赶紧行动起来。而且，我不为朋友冒险，还为谁冒险呢?好了，我们一起看看接下来怎么做吧。”

曼尼只需要去找老板就能得到他需要的解决方案。但他更在乎皮特的感受，而且根据他们以前的共事经验，两人一定可以想出解决办法。如果曼尼没有站在皮特的立场考虑问题，那么他很有可能无法发现问题所在，最终造成无法挽回的局面。

当面临道德困境时，人们需要问自己几个问题。为了界定道德问题，他可以问问自己是不是哪里出错了。是自己的问题，还是别人的问题?抑或是社会问题?为了找出答案，他可以问问自己解决的办法有哪些，是不是所有相关人员或组织都咨询过了。这跟曼尼问自己的那些问题大同小异。如果他没花点时间了解皮特的处境，后果将不堪设想。

你能在生活面临困境时也考虑到这些问题吗?

尊敬你的朋友，公平对待他们，若有不同意见就直说。享受友谊，开诚布公。朝着共同的目标，一起努力，互相帮助，实现梦想。

——比尔·布拉德利

公平、公正要求我们不在自己成功的道路上牺牲他人。

4. 公平与公正你能做到吗？

当你与他人协作完成一项工作时，一定要确保公平对待每个人的工作及言论。

安德里亚·兰蒂斯在当地一家大银行开始了她的职业生涯。作为四人团队中的一员，她在队友的帮助下进步很快。他们交流观点与看法，很多项目都做得很出色。安德里亚与团队合作顺利的原因，正是他们的合作精神。

20 世纪 90 年代初期，安德里亚与这个团队合作了三年后，管理层给他们分配了一个**自动化**支票账户项目。团队成员互相交流看法后，特雷西·艾伦提出可以让客户自己在网页上填写支票。他们可以到网站上支付账单或划拨资金。除了能通过电子方式完成任务，他们还能根据自己的日程表工作，不局限于银行的工作时间。目前还没有一家银行提供这样的服务。丹耀德和乔卡班很欣赏这个创意，认为这会成为一项前沿服务。但在团队完成预先计划目标的过程中，他们突然决定换一个方向，在线支付的电子服务想法也被搁置了。

定义：

公平（名词）：在行为或态度上符合道德正义；正直；对于纯粹的、正确的、真实的事情敢于坚持和承担责任。

公正（名词）：践行司法公正、公平、平等；彼此合作；意识到多元社会中每个个体的独特性和价值。

计算机编程改变了整个银行界。

最后期限给程序员增加了很多压力。

然而，那天晚上工作结束后，安德里亚发现自己又不知不觉想到了在线签支票的可行办法。这的确是个好主意。作为顾客，她愿意在每月的账单支付上省点工夫。她知道顾客服务部门的副总吉姆芬奇一定会喜欢这个想法。第二天，安德里亚决定，她要在开小组会议的时候再次提议这个想法。的确需要重新考虑一下，因为安德里亚觉得他们当时的决定做得太匆忙了。

个人的公平宣言

我会：

1. 遵守法律。
2. 敢于讲出那些纯粹、正确、真实的事。
3. 未经详查，绝不预先判断他人。
4. 永远欢迎讲出事情的真正原因。
5. 保持胸怀坦荡。

信息来源：改编自品格第一相关资料，www. characterfirst. com。

当然，安德里亚很清楚要面临的问题——最后期限。自动化支票项目已被管理层提上日程，主要任务已经占用了大量时间。但她肯定，如果他们再考虑一下在线银行的优势，团队或许会认为将它加入到自动化支票账户项目里是非常值得的。特雷西的想法真的很不错。如果完善这个项目需要大改动，吉姆也一定愿意延后最终期限。

安德里亚第二天早晨早早就到了办公室。沏茶的时候碰上了吉姆，他正在给自己冲咖啡。

吉姆小酌了一口。“项目怎么样了？”

“进展不错。已经有一家公司开着手尝试了，很有希望按计划进行。”

吉姆看起来很高兴。“这是一个增进客户关系的绝佳机会。我们要尽可能迅速地回答账户问题，将一半的时间投入到客户那里，获取信息。”

大多数计算机程序员不会独自工作，
小组会议是他们日常工作的一部分。

程序员使在线支付成为可能，为银行家
节省了时间，不必再亲自签支票。

“我同意。你知道吗，我昨天晚上一直在考虑在线签支票的可能性。它会给顾客带来极大的便利并且这是个无人涉足的领域。”

“在线签支票。”吉姆不再深思，他异常兴奋。“就是它了！这正是我们自动化支票项目需要的。太好了，安德里亚，我们就做这个。”

那天早晨，吉姆和团队碰了面，在讨论了提供在线支付服务银行需要怎样做之后，吉姆决定推迟自动化支票账户项目的期限。每个程序员都有各自的任务，该项目让整个团队、银行和吉姆都很有成就感。

项目运作不久后，吉姆把安德里亚叫到他办公室，笑着说：“那个点子真是太好了。在线支付很成功。客户觉得非常便利，他们很满意。董事会看到客户满意也非常高兴。”

安德里亚补充说：“我也听到了一些正面的评价。”

“既然是你的想法把我们引到了正确的道路，我想为你提供一个机会。最近，一位员工辞职了，发展部门有个空缺。我在想你有没有兴趣接任。当然，薪水会比你现在的多很多。”

安德里亚非常惊讶。“这个，十分感谢您的提拔，但是……”

“在回答前先好好想想。虽然这意味着一些改变，但这对你来说是一个很好的机会。我们需要的是像你一样的勇于追求新观点的人。”

这正是安德里亚梦寐以求的升职机会。在发展部们工作，她将有机会评估顾客和公司的需求；她可以用自己的创造力为银行计算机程序的升级和修改提建议。她迫不及待想要和大家分享这个好消息。

安德里亚突然想起来他们最开始的探讨会。是特雷西提出把在线支付加入到自动银行服务中去。她只是把特雷西的想法告诉了吉姆——这想法并不是她自己想出来的。

安德里亚应该怎么做？如果是因为这个想法才得到的升职机会，那么该升职的应该是特雷西，难道不是吗？安德里亚应该告诉吉姆真相吗？还是推荐特雷西接任这个职位呢？如果她默默接受此次升职机会，其他人会发现吗？

安德里亚知道这是一个非常重要的决定。她试图寻求好朋友的帮助……但她又想自己解决问题。她的良知、她内心对与错的标准已经不听使唤了。

安德里亚知道得从自己的角度看问题，但也要从特雷西的角度考虑。如果她想要公平的话，她得按照自己希望别人对待自己的方式去对待特雷西，得考虑到自己的决定会对特雷西造成什么样的影响。她得决定怎样做才公平、公正。

安德里亚在决定前问了自己这些问题：

如果我发现特雷西的升职、提薪是由于我想出的点子，我会怎么想？

如果其他人发现了，他们会怎么想？

如果我升了职，五年后我会有什么感觉？会感到自责吗？会觉得之前的自己是在撒谎、欺骗吗？

我的孩子们呢？如果他们发现了，我会是什么感觉？我能面对他们，为自己的决定感到骄傲吗？

你认为安德里亚应该怎么做？如果换做你，你会怎么做？

任何地方的不公正对于所有地方的公正来说都是一种威胁。

——小马丁·路德·金

对于高中生来说，选择承担职业带来的责任并非易事，
因为这意味着选择接受接下来充斥着生活的各种困境。

5. 要有责任心！

每个人都对各自的职业、朋友及家庭有相应的责任。而在生活中，难免会出现这些责任互相冲突的情况。

肯恩·梅恩十分庆幸自己在大学实习期间能有机会在华盛顿哥伦比亚特区的一项政府工程中担任程序设计员。虽然从一开始就没想过成为一名程序员，一直以来的梦想是成为一名联邦调查局或中情局的特工。但肯恩知道，能够找到这样一份与他终身目标如此接近的工作，他已经算是幸运的了。他知道这份职业很有前途，而能够在这家机构工作更是他的荣幸。

从十几岁起，肯恩就渴望能在一个高度机密的工作环境里上班。他钟爱间谍电影和间谍小说，并常常想象自己置身于类似危险的环境。他也喜欢四处旅游，学习不同的文化。他曾经以为他会像“007”系列电影中詹姆斯·邦德一样去执行各种秘密任务。

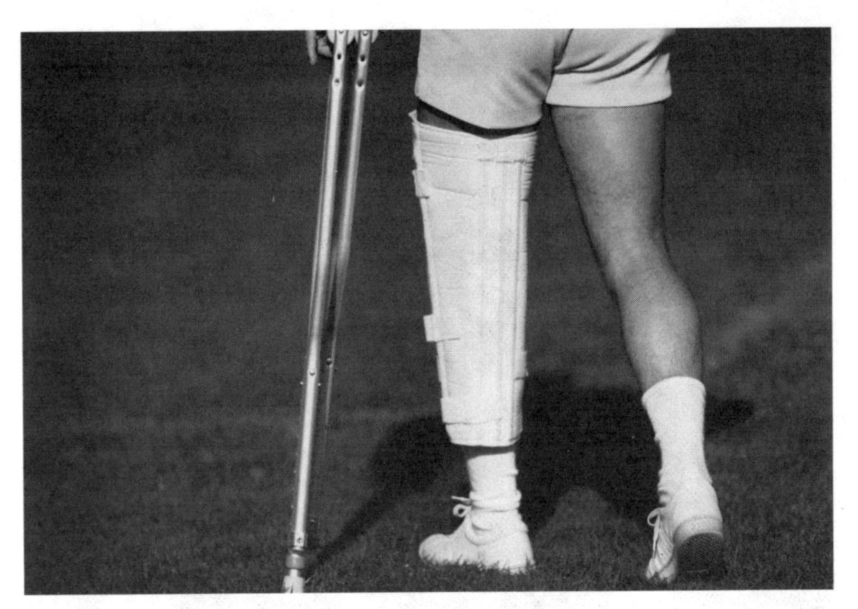

任何意外或身体残疾都有可能迫使我们改变职业方向。

但不幸的是，肯恩初中时遭遇了一起严重车祸。右腿三处骨折，即便动过两次大手术，他走起路来仍微跛。肯恩的数学老师斯蒂芬·德里先生知道肯恩的梦想是在一家秘密机构任职，然而肯恩现在的身体状况不允许他从事户外工作，所以德里先生建议他选择其他工作，以不同的方式实现梦想。

车祸之后，德里先生主动提出帮他适应学校生活，因为他不得不坐着轮椅去上学。很快，肯恩就能脱离轮椅用拐杖走路了。然后，这位老师和他的学生成了非常好的朋友。但德里先生对肯恩最大的帮助莫过于激发了他对计算机程序设计的兴趣。肯恩擅长数学与逻辑，因此他很快就学会了计算机语言和编程。他大多数课余时间都待在斯蒂芬·德里的计算机实验室里学习这些知识，与德里先生讨论如何运用他学到的新知识。肯恩总是能把计算机编程和商务方面的工作联系起

老师或其他长者能为你的职业选择提供帮助和鼓励。

来，但德里先生让他了解到这份职业还有很多别的可能性。

定义：

责任（名词）：一个人必须承担的事情；职责或义务。

很多计算机程序员都到美国首都华盛顿特区寻找工作。

有责任心的人通常有以下特点：

1. 接受自己行为产生的后果。

2. 尽全力做到最好。

3. 履行对朋友、家庭、集体以及国家的责任，在这些责任发生冲突时平衡好关系。

4. 不找借口，不把错误归咎到他人身上。

计算机调查

计算机系统能协助案件调查员寻找线索。比如，计算机程序员设计的程序能够把失踪人口与未认领的尸体进行匹配。可以把人的身体特征描述、病理信息及人类学上的研究发现等输入系统数据库。这样一来，就可以利用这些系统来寻找失踪人口，或应对大规模疾病爆发等情况。

法医、病理学家、验尸官、药品检察官、人类学家以及执法人员都在使用计算机编程员编写的程序来搜索各种信息并整合他们需要的内容。在很多情况下，这些程序都能为他们找到满意的答案。

美国联邦政府专门聘请了法医领域的计算机程序设计员。

大学期间，肯恩学习的是编程和通信。他学业非常出色，也因有才华在校园里小有名气。现在，他成功地申请到了在政府部门的实习资格，他的努力得到了回报。

在华盛顿工作并不轻松，但绝对不会让你有虚度光阴的感觉。肯恩在这里完成了实习工作并为大四这一学年画上了完美的句号。毕业之后，当他被政府部门录取为计算机程序设计员时，肯恩明白了他的梦想是什么。

肯恩决定在绝对机密的情报机关工作，但在这之前他必须通过政府的调查许可，包括：彻查身份背景、信贷记录和逮捕记录，寻访朋友、雇主和邻居等相关社会关系，核实教育背景。他也需通过药检和测谎测试。除此之外，他还要同意特定的旅行限制；不能去一些被政府机构归类为敌方的国家，因为他掌握着一些敏感的机密信息。这些禁令中肯定有一些会影响到他的私人生活，但肯恩根本不在乎这些。

在肯恩的妹妹玛格丽特参加大学交换生计划前，肯恩都没觉得旅行限制对他来说是什么大问题。但妹妹决定在南美结婚定居时，他突然发现旅行限制给他的生活带来了极大的不便。

玛格丽特和未婚夫帕博罗想在他们将来定居的城市举行婚礼，帕博罗一直以来生活在那里。当肯恩准备去参加妹妹的婚礼时，他发现自己的工作要求立即变成障碍了。工作机构不允许他前往婚礼举行的国家，那个他亲妹妹要组建家庭的国家。这是他第一次对工作的热爱产生了质疑。他明白这些限制背后的原因，但他有些怀疑，怀疑在这种情况下这些限制是不是过了。

然而，在他决定投身这份事业时，他已经做出承诺不前往有旅行限制的地区。他觉得他肩负着一定的责任，不仅仅是对工作的责任，更是对国家的责任。他从没想过自己会面临这样的情况。但既然碰上了，就必须做出选择。他是放弃陪伴唯一的妹妹走入婚姻殿堂的机会，还是丢掉对雇主和国家的责任？

基本的道德责任

托马斯·里克纳博士相信文明的衰落始于人们道德观念的丧失，一个成年人的基本责任是将构成人类社会基础的价值观传承下去。发展教育可以培育优秀的个人品质并造福社会，而好的教育则需要人们的努力和勤勉。

一般来说，孩子生活的社会环境决定了他的性格。而社会环境则由诸多因素构成，其中包括家庭、学校、教堂、寺庙、媒体、政府、体育协会等所有会影响孩子性格塑造的因素。帮助孩子塑造良好的性格可谓责任重大。

纵观历史，迄今有三种机制能够塑造年轻人的性格，即家庭、宗教和学校。家庭是性格塑造的基础，另外两种机制以家庭为基础。成年人需要共同努力培养思想成熟、品格优秀的下一代以保证他们成长为足够成熟、杰出的青年，为下一代树立榜样。成年人需要尽最大努力落实。团结合作在抚养孩子层面至关重要。品格教育联盟（The Character Education Partnership）是美国倡导性格教育的领头国家组织。成立这个组织，目的在于向公众传达这样一个准确的信息：品格教育并不单单是学校、家庭或宗教机构单方面的责任。我们必须团结起来共同完成这项任务。

你觉得自己有责任教导比自己年幼的人，帮助他们塑造良好的品质吗？你会亲身实践这项责任吗？

肯恩以前从不觉得做正确的决定是什么难事。但现在，他才明白正确的决定有时也伴随着付出巨大的代价。他之前一直相信只要做对的事，就会成为人生的赢家。这是第一次他意识到，做符合道德规范的事可能造成令人不快的后果。

肯恩最后决定把他对工作和国家的责任摆在前位，他的妹妹也不得不屈居第二位。对肯恩来说，做出这个决定并不容易，他的妹妹和其他家人也对此表示不满。肯恩觉得虽然不能拜访妹妹定居的国家，但他尽到了自己的责任，他是在做正确的事。几个月后，肯恩和妹妹夫妻二人在他们新家的邻国一起度过了一周的假期，因为肯恩没有这个国家的旅游禁止令。

换做你，你会怎么做？或许你会做出不一样的选择，因为对你来说，家庭是最重要的。但这样的话，你就必须面对另一方施加的压力，即工作压力。你很有可能受到纪律处分，甚至失去你热爱的工作。

如果你想要做对的事，那就必须清楚你不可能事事如意。然而，你的长期目标会有助于你培养出良好品质的核心，如富有责任感。做一个有责任感的人有时会是一件痛苦的事，但不论别人怎么想，至少你可以以己为傲。

我相信所有被赋予的权利都伴随着相应的职责；每次机会，都附带着一项义务；而每次的收获，都意味着新的责任。

——小约翰·洛克菲勒

当你在事业上步步高升时，要敢于坚持自己的原则。

6. 勇敢或能给予人们勇气!

有时，勇敢意味着做正确的事，即使你并不喜欢这件事带来的后果。

斯塔克韦瑟公司是一家独立公司，在雇用这家公司为自己公司的信息管理升级提供建议的同时，布兰达·皮尔斯感受到了威胁。她曾和公司外部的另一个团队合作过，这个团队提倡改革并用信息提升程序员的能力。但不同的是，斯塔克韦瑟公司以极强的进取心闻名。布兰达希望她和她的团队能够切实执行改革，把改革完全融入公司的现存体制中，不与体制中团队认为最有益于公司的部分产生分歧。

布兰达领导着一个以公司为基础（company-based）的团队，它是由总裁克拉克·西摩一手组建的。克拉克好不容易得到了董事会的支持，建立了这个团队，他对管理升级很有兴趣。只要斯塔克韦瑟公司开始着手研究公司机制，布兰达的团队将为他们提供所有所需资料以达到改革目的。两个团队需要密切合作，而斯塔克韦瑟公司会获得高级程序员的权限。对布兰达所在团队的程序员来说，与斯塔克韦瑟公司合作的好处是，他们将获得许多经验，这些经验带给他们的帮助已在斯塔克韦瑟公司与其他客户合作时得到了验证。

计算机程序员也许需要很大的勇气才能做出一些艰难的决定。

乔·弗兰佐尼是布兰达最为欣赏的团队成员之一，他的专业是会计。乔喜欢对任何事都发表意见，而他的发言每每都会让整个团队的成员捧腹大笑。他有缓解紧张气氛的才能。当然，他并不是小丑，他的业务能力也很强。布兰达发现，好几次乔都发现了其他人遗漏的问题。

定义：

勇气（名词）：一种精神状态或品质，能使人以沉着、自信和果敢的状态应对危险、恐惧或变故；勇敢。

当我们每次真正停下脚步直视恐惧时，我们就获得了力量、勇气与自信。我们必须做那些我们认为自己做不到的事。

——埃林那·罗斯福

一天，他们正在处理公司各部门间的通信问题，这时乔对她说："事情有点不对劲，布兰达。"

"怎么了？"

乔递给她一张会计部门的备忘录。布兰达看完以后抬起头，眼神里充满疑问。"这上面说的是自动递送系统，用来调整买家、卖家和供应商、客户的关系。这个项目是另一个团队在做，完成以后内部记账程序也会随之改变。这跟我们有什么关系？这是别人的事，不是我们的。"

当你面临道德方面的两难选择时，或许你能从他人那里得到一些建议，但最终做出正确决定的人只能是你自己。

计算机程序在全球范围内影响着金融界。

“难道你不明白吗？一旦改革完成，整个系统都会改变。如果我们基于现在的系统建立程序，那么一旦新的会计程序开始运作，这个程序就会马上被废弃。”

“哦，”布兰达皱了皱眉，“这是个大麻烦，肯定会引起克拉克先生的不满。”

“你说的没错。他对这个项目很有兴趣。布兰达，你是咱们团队的头，你打算怎么办？”

“我不知道。你确定没别的办法了吗？”

乔摇了摇头，说：“这已经是铁板钉钉的事了。我想起来了。另一个团队比我们先开始做项目，但我猜没人想过不同的项目会对各自产生什么影响。我觉得我们不能只是盯着这个项目的一百万美元，还有接下来的一百五十万美元，甚至更多的资金注入，项目调整后终会

有所成就。”

奥林匹克信念

“奥运会最重要的不是胜利，而是参与；正如在生活中最重要的不是成功，而是奋斗；最重要的不是征服，而是奋力拼搏。”

为什么优秀的品质如此重要？

一个人要做到集各种优秀品质（包括正直、富有同情心和责任感等）于一身并身体力行是需要莫大的勇气的。但我们要为这烦恼吗？难道就为了自我恭维，告诉自己我们是好人吗？

托马斯·利克纳博士认为，如果每个人都能勇敢地站出来做正确的事情，那么整个社会将受益无穷。这些优秀品质之所以如此重要是因为它们：

• 肯定人的尊严。

• 促进个人的健康与幸福。

• 维护公共利益。

• 倡导换位思考（换句话说，你希望别人用不道德的方法来对待你吗？）和普适论（你想要大家都用文明道德的方式彼此相处吗？）

托马斯·利克纳博士是一位发展心理学家，在科兰特的纽约州立大学担任教授。他在学校的工作取得了很大成就，现在的研究方向是人与人之间的互相尊重与责任感。他也是品格教育联盟的董事会成员之一。

信息来源：改编自 www. cortland. edu/centers/character/staff. dot。

“所以你是说，我们现在做的这个一百万的项目在如期完成后还有可能再需要大概一百五十万来调整这个系统和新的自动递送系统达成一致。”布兰达叹了口气说，“这太可怕了。”

当我们做出决策时，往往需要权衡经济效益。但只有你自己才能决定是否应该把无形的道德品质（比如勇敢去做你觉得对的事）排在利益之前。

“明天要我帮你请个病假吗?”乔笑着问。

“不用，我想，明天早上我还是得壮着胆子跟克拉克谈谈。我们必须在投入更多的精力以前停掉这个项目。”

“你说总比我说好。”

第二天早上，跟克拉克谈完后，布兰达有了更大的麻烦。克拉克不同意停掉项目，因为他已经在上面投入太多了，不愿意现在放弃。

“我们怎么知道这个项目会搞多久？另一个团队也许不能按时收尾，”克拉克说，“你刚说的数字只是你的猜测。如果我们真要进行后期的调整工作……或许整个过程根本不需要这么多钱。不，布兰达，我不会因为不一定会发生的事情就此停掉这个项目。”

克拉克的态度很明确：信息管理系统的更新项目要继续进行。布兰达觉得很难受。摆在她面前的只有两条路：要么听克拉克的，继续项目，虽然她相信这将需要公司大量的时间和大笔的资金投入；要么绕过克拉克找公司其他领导谈谈。她可以让别人做决定，但倘若克拉克知道了这件事，她在他手下就很难有晋升的空间了。

她该怎么办？布兰达觉得很害怕。她不觉得她有这种勇气绕过克拉克，承担后果。但她能过得了良心这一关，假装什么都不知道，什么都不做吗？

换做你，你会怎么做？

尝试做一件事但是失败了，努力去做一件事最后成功了，两者需要同样的勇气。

——林白夫人

计算机程序设计为想象和冒险游戏赋予了崭新的维度。

7. 自律与勤勉你能做到吗？

有时，牺牲才能成就优秀的品质。

“你什么时候才能长大?”艾伦·赞博维茨的妈妈在他十几岁时几乎每天都会这么问他。

“永远不长大。”艾伦总是这么回答。

艾伦到了35岁时还在玩电子游戏。其实，艾伦是一名游戏编程员，他为安大略省温哥华市的一个大软件开发商打工。从事电子游戏产业的工作十分有趣，但有时也会面临压力。

举个例子，艾伦在编写一个以著名冰球队伊利水獭队为原型的游戏程序时，就碰到过许多很有挑战性的问题。在游戏镜头里，球队成员们需要身着特制的球衣展现各种动作。这些特制的球衣上都印有不同的标记。

当运动员射球或是滑向目标时，摄像机需要捕捉到每一个动作。

八个摄像机镜头环绕一个运动员，拍摄同一个动作的不同细节和不同的角度。拍摄过程很有趣，对艾伦来说就更不用提了。他热爱冰球这项运动，热爱运动员们比赛时充满活力的状态。他们显然十分享受在赛场上射球、挥杆和挑衅对手的状态。艾伦很高兴能够参与拍摄。

接下来，把这些动作转化成计算机代码就是艾伦的工作了。将这些动作转化成精彩刺激游戏的代码不仅仅需要大量程序员的精力投入。

定义：

自律（名词）：一般为了个人素质的提升而进行的对自身和自身行为的训练与控制。

勤勉（名词）：专注于工作直至任务完成；坚持到底，努力完成一生中的种种任务，即使它们让人觉得枯燥麻烦。

现如今，计算机已被运用到金融、执法、医药及娱乐等诸多领域。

设计电子游戏可能是一个充满乐趣的职业，
但和其他职业一样，有时也需要长时间工作。

迪吉佩恩大学——在这里，研究电子游戏是工作

1988 年，在加拿大不列颠哥伦比亚省的温哥华市，学校创始人克劳德·科马尔开办了关于 3D 动画制作的计算机编程课程。此类课程的设立使得一个为电子游戏编程学生而创办的全新学校得以成立。这种为期两年的电子游戏编程课在北美开了先河。任天堂电脑游戏公司在美公司提出想与迪吉佩恩学校合作，此次合作项目为学生们提供了一次学习成为合格游戏编程师的绝妙机会。

1998年1月，由于学校在温哥华获得成功，迪吉佩恩大学又在华盛顿的莱德蒙开设了迪吉佩恩理工学院。现在，除其他专业学位，迪吉佩恩大学还设有计算机工程学的理学学士学位、游戏设计的文学学士学位以及数字艺术和动画的美术学士学位。迪吉佩恩也设有一些计算机科学及数码艺术领域的硕士学位。

好的编程需要大量的时间投入。

自律意味着你要做对的事，不能做违反原则的事。也就是说，控制好自己。自律意味着你要服从。乔治·华盛顿的母亲曾被问到她是

如何培养出这样一位了不起的儿子的。“教育他懂得服从。”她这么回答道。自律还包括遵从指示和遵守规则。

现在，有了视频输入和整个编程团队，艾伦的工作才刚刚开始。在人工智能的帮助下，他们让屏幕上的运动员看上去就像真的一样。处理运动员的各项数据也是输入工作的一部分，这个步骤将使游戏里的人物更接近他们的原型。编程师们还要设计每个人物该冲撞哪个角色以及他们是如何迫使对方犯规的。艾伦编程并修改程序时，常常想起一个同事反复跟他提起的话：“编出一款好的程序乐趣非凡，就像真实的游戏一样。”

别指望在书本里找到解决生活困境的办法！

艾伦也这么认为。但他总忍不住加上一句：编出一款好的程序会花费很多时间！所以，必须处理好各种琐碎的细节才能做出一部顶尖的游戏……随着截止日期的临近，他们的压力越来越大。

想着想着，艾伦看到同事桑德拉打开了游戏的开头部分。

“我想再改进一下颜色部分，”她把画面放大，此时屏幕是各色马赛克，“如果我把这里的橘红色改成蓝色，那么制服背后的徽章应该能更清楚一点。”她关掉了页面再次打开。这回，艾伦觉得，画面里的运动员们移动时，这些徽章看上去要比之前好多了。

“这画面很棒。我想老板们会非常满意，”艾伦说，“不过我在想，他们有人打冰球吗?”

“谁知道呢，”桑德拉说，“我觉得重要的是有人打就行。当然，有很多人。”她笑道。

现在艾伦手上已经有了一个完整的游戏，可以进入试测环节了。公司雇用了一批试测员进行试测。这些人不仅要玩游戏，还要思考如何让游戏崩溃。一个礼拜快过去了，团队里的另一个编程员盖里·弗兰森终于带来了试测结果。

“这款游戏特别棒，”盖里说，“应该会大火，但程序有个大漏洞。有个场景，我每次玩都死机。我放给你看。”

盖里用艾伦的计算机再次打开游戏，他换切到那个场景，然后画面就像盖里说的那样不动了。艾伦完全不记得这个场景的细节了。他和盖里反复试了几次，结果一样：画面冻结，游戏重启。玩家们是不会喜欢这样的情况的，他们绝对会抱怨。但盖里说的没错，除了这个小毛病，整个游戏棒极了。

据迪吉佩恩理工学院的研究发现，以电子游戏为主导的产业有许多优势，主要表现在以下几个方面：

• 电子游戏是以制图为导向的模拟游戏，包括二维及三维两种。

• 电子游戏能够真实地再现或模拟自然现象和真实生活中的事件。模拟飞行器就是一个很好的例子。

• 电子游戏的互动性很强，对图形用户界面（GUI）的精细程度及效率要求很高。而图形用户界面技术的发展则需要协调好窗口、菜单、对话框及包括键盘、鼠标和显示屏在内的硬件设施。

• 反之，电子游戏会影响现实生活。实现这些模拟操作需要人们熟练掌握计算机硬件技术及计算机语言。

• 电子游戏是以故事为背景的模拟场景，游戏里的物体必须在特定的情节中以符合逻辑的方式进行互动。因此，为了让游戏更刺激、更好玩，学生们必须设计并执行有效的人工智能算法，实现计算机控制下游戏物体的认知过程。

• 电子游戏可以设置成单人玩家或多人玩家模式。完成一个多人模式游戏需要开发者对互联网、传输控制协议/互联网协议及网络编程有足够的了解。

• 电子游戏的开发是大型复杂生产过程的绝佳例子。要成功开发一款游戏，团队合作至关重要。因此，学生们被分成小组，接受严格训练以掌握基于物体的编程语言、编程范式及软件工程相关技术，做到实际应用。这些经验增强了学生在小组里与他人合作完成项目的能力。

项目的截止日期已经过了，但艾伦知道，到周一游戏才正式投放市场。他也知道周末他和朋友有个露营的大计划。他们打算开越野车去树林，然后扎个帐篷，钓钓鱼，爬爬山。他们已经为这个周末计划很久了。

艾伦确信管理层不会介意将这个只有一个小瑕疵的游戏投放市场。很多初版游戏都有这样的小毛病。但事实上，据他了解，有多家公司被起诉故意发行没有经过完整试测的游戏以尽快发行第二版。他觉得如果这款游戏要发行第二版的话，它能发行的原因应该是它真的很好玩，而不是因为第一版有大漏洞。他绝不想错过周末的野营计划，但他真的希望可以把工作做到最好。

当人们处于这样的两难境地时，他们需要通过自律来控制自己。拥有这项品质意味着就算没人给你指示，你也要告诉自己什么是应该做的；你要遵从自己的是非观。勤勉往往同自律一同出现。一个人如果勤勉，就意味着他将一直工作，直到成功。即便有些情况，直接放弃是更为简单或更为方便的选择。

最后，艾伦做出决定。“嗨，桑德拉，我打算周末加班改进一下游戏。你这个周末有安排吗？有兴趣跟我一起把‘漏洞’补上吗?”

如果你是艾伦，你会怎么做？

一个人最大的胜利是战胜自己。

——柏拉图

你可能觉得，通往职业成功的旅程就像是在孤独地爬一座山。

但事实上，你身处一个互相关联的团体中。

8. 公民义务你得遵守！

有时我们会忘记，若想维护一个和谐友爱的环境，社会中的每个人都需贡献自己的一份力。

博翰看着桌上的备忘录。弗兰克·皮尔森的母亲明天就要在邻州的医院里动大手术了。由于弗兰克的家庭发生变故，即期的产品支持计划不得不改期，项目经理正在询问是否有人愿意填补弗兰克的空缺。

弗兰克一向是个好搭档，他和博翰互相帮助，不知解决了多少信息或编码难题。博翰觉得自己一定得帮帮弗兰克，他知道弗兰克和母亲感情深，自去年春天父亲去世后，他和母亲两人一直相依为命。

博翰喜欢团队工作，也非常喜欢这个项目。他已把无数个夜晚奉献给产品支持程序研究，已经很多天晚上没回家了。如今，妻子珍娜患上流感病倒了，今晚他得做晚饭，还要照顾孩子们。他觉得自己肯定不能完成产品支持程序的开发了，至少这周完不成。把备忘录放在一边，他继续自己的编程项目，回家前得把自己的想法告知项目经理。他觉得自己很对不起弗兰克，但是这就是他目前的生活状况，也不能奢望自己能为他人多做点什么了。

家庭就是社会的缩影——作为家庭中的一员，
我们共同努力让家庭变得更加美好，我们是合格的公民。

定义：

勇气（名词）：指一种品格或精神，它能让人以自信、坚定的态度直面危险、恐惧或变故。

篮球运动员不能只靠自己一人打比赛，
同样我们每个人都要依靠“队”里的成员。

公民义务指的是每个人都是社会的必要组成部分——
我们齐心协力，为共同的利益而奋斗。

那天晚上，博翰刚走进家门，就闻到厨房里弥漫着卤汁面条的香味。难道是珍娜病好了，起来做饭了吗？他走进卧室，看到孩子们正在玩游戏，珍娜躺在沙发上，盖着毯子。周围放着一盒纸巾、一杯橙汁、一个加湿器还有一大束鲜花。

“一小时之前鲁斯·维勒来过，带了晚餐、甜点和这些花。”珍娜说，“她还说宝拉·米歇尔明晚也要给我们带晚餐。她俩真是太好了。”

“是啊。”博翰边说边环视了一下整洁的屋子，“鲁斯还帮忙打扫了房间吗？”

珍娜点点头。“有这样的好朋友真是我们的福气啊。”

享用完美味的晚餐，博翰把盘子放进洗碗机里，他忽然想起那个备忘录。这一天实在是太忙了，他都忘了回家之前向项目经理汇报他的决定。现在他感到从未有过的幸福感。和珍娜商量过后，他会在明天做出决定。

他仍然要考虑到珍娜的需要。但好朋友做的这些让他觉得，他也应该为弗兰克做点力所能及的事。他想，也许生活就该是这样：大家齐心协力，使所有基本需求得到保证，不管是私人生活还是职业中的需求。

我们知道，任何事情都是相互联系的。

就像家人之间的血缘关系，所有的事情都相互关联。

……我们无法左右生活这张网，

我们不过是其中的一条线。

无论我们对这张网做什么，都会影响到我们自己。

就让我们对这张网，对这个联系着我们的圈子，表示感谢吧。

——西雅图酋长

计算机编程创造了网络，也改变了我们的生活方式。
以一种全新的方式，将整个世界连接在一起。

9. 职业机遇你需要了解!

无论你选择何种职业，从现在开始将好品质保持一生吧。

艾米·梅娜德是州立大学计算机科学专业的一名学生。毕业后她想从事编程工作。艾米创造力极强，她经常自制一些拼接、贴花的被子，做工相当精细，看过这些被子的人都被其精密的针脚折服。艾米喜欢解决问题，一旦遇到挑战，她会不停钻研，直至解决。

上完了大部分基础课程后，艾米开始学习编程、计算机网络、数据库及高等数学课程。最近对工作市场进行预测后，艾米决定从事会计工作。

作为一个自律而负责的人，艾米觉得自己能在金融领域大显身手。她的导师建议她去金融界找一份暑期兼职，高年级时去公司实习。这项专长会让她拥有更多就业机会，也更有升职空间。但是艾米不知道计算机编程工作是否具有足够的创造性。她还想应用自然科学

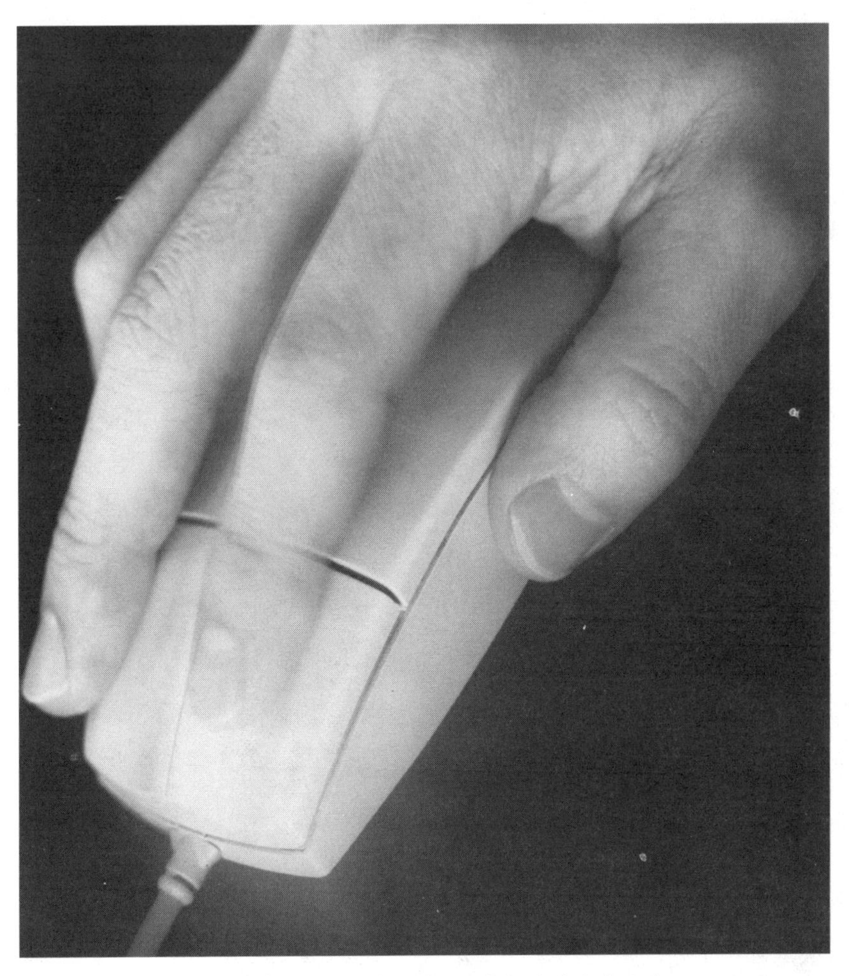

无论你是否从事计算机编程工作，身处当今这个网络时代，每个人都需要具备一些计算机知识。

方面的知识，法医学是她的最爱，而且她知道法医学领域的计算机编程技术可以协助破案。

计算机编程有许多不同的工作领域。不论是在大公司、软件公司还是政府机关，程序员都是它们不可或缺的一部分。大部分计算机程序员从事计算机和数据处理工作，预计这种趋势将至少持续十年。对计算机程序员来说，在编写及售卖软件的公司工作属于最高端的职业，当然其他领域的公司也会雇用计算机程序员。工程、管理、电信及保险业经常雇用自己专用的编程师。许多都是临时工或合同工，担任独立咨询师。作为独立程序员对程序员自己和公司都有好处；他们可以尽情发挥自己的聪明才智，公司也不用花钱为他们提供培训或支付其他福利费用。

据美国劳工统计局职业前景手册（U. S. Bureau of Labor Statistics Occupational Outlook Handbook）：

• 2010 年，计算机工程师的中等收入为每年 71 400 美元。

• 据估计，到 2012 年，计算机程序员工作岗位将增加 12%。

• 32%的计算机程序员在计算机系统设计及相关领域工作，12%在信息服务领域工作，7%在金融保险业工作，6%在管理及支持领域工作，5%在政府部门工作。

• 25%的编程师集中在以下三个州：加利福尼亚、纽约和德克萨斯。

越来越多的公司为员工制定道德守则，这其中也包括计算机程序员。《美国计算机协会道德守则》（The General Moral Imperatives from the Association for Computing Machinery）中规定，员工必须：

1. 为社会和人类的福祉做贡献。

2. 避免对他人造成伤害。

3. 诚实可信。

4. 公平公正，不歧视他人。

5. 尊重他人产权，如版权和专利。

6. 使用他人版权时要对作者致以适当的感谢。特别不能以他人的想法或成果获益。

7. 尊重他人隐私。

8. 尊重机密性。

像艾米一样，许多计算机编程师精通商务、工程或科学类职业，他们很有可能晋升到很高的职位，如程序分析师或计算机系统分析师。系统分析师负责解决计算机问题，帮助各机构把设备、人员和商业程序的价值发挥到极致。他们要同时利用软件应用和硬件设施才能使这些系统运转起来。

美国计算机协会

美国计算机协会（ACM）成立于1947年，是世界上第一所教育及科学类计算机协会。美国计算机协会编写了一套道德及职业行为守则。其中包含24条个人守则，列出了基本的道德守则，作为道德决策时的底线，同时强调了道德原则，因为这些道德原则应用于计算机领域时，与普通道德原则有所不同。

在计算机编程领域中雇用残疾人很常见。马克·多德是个盲人，但他并没有因为身体的残疾而放弃对事业的追求。作为一名计算机编程师，他每天维护现有程序，为合约方官员设计新系统，并建立新网站。在辅助技术的帮助下，马克从当地社区的康复中心计算机指令员变成了一名银行职员。

在计算机编程领域为残疾人提供工作机会可以让他们体会到自身价值，获得勇气与尊重。随着技术和辅助服务水平的提高，在未来会有更多适合残疾人的职业。

计算机编程领域遍及全球各地。

一些程序员谙熟某一特定行业，专业技能过硬，时刻关注着不断变化的编程语言，这些人将越来越被雇主青睐。公司内部网络及客户网络环境的使用意味着那些可以支持数据交流、电子商务及内部网络策略的程序员可以协助公司业务不断进步。获得卖主或语言认证可以为程序员增加优势。若有实践经验，如艾米的暑期工作和实习经历，也可以增加就业机会。

教育背景是通向成功就业的一种途径，而良好的品质则是另一种途径。雇主都想找最好的员工来担任某项职务——然而最佳候选人一定是那些既有专业技能又有良好品质的人。

所以，如果你想成为一名计算机程序员，请谨记：良好的品质与编码技能同等重要。从现在开始，成为你想成为的人吧！

成长，并成长为真实的你，需要莫大的勇气。

——E. E. **卡明斯**

作者与顾问介绍

雪莉·邦妮斯与丈夫和两个孩子住在宾夕法尼亚州的一个村庄。他们经营着一个农场，农场里饲养着一只山羊、一只绵羊、一只鸡、一只鸭、五条狗和两只猫。雪莉曾与他人合作编纂了一本杂志，也曾写过一本书。她还为梅森克莱斯出版社写过几套系列丛书，其中包括“青少年职商养成系列”及“北美民间传说”。

欧内斯廷·G. 里格斯是芝加哥洛约拉大学的副教授。她从事教育工作已有40余年，在教学及管理方面经验丰富。1974年，美国国防部海外学校推举她为美国杰出小学教师。她曾与人合作出版了《越过浮夸与幻想：徜徉到知识的海洋》(*Beyond Rhetoric and Rainbows*: *A Journey to the Place Where Learning Lives*)、《帮帮中学和高中读者：跨学科教学及学习策略》(*Helping Middle and High School Readers*: *Teaching and Learning Strategies Across the Curriculum*）等书，并在影片《让低产出的学生成功：构建人生，塑造未来》(Ensuring Success for “Low Yield” Students: Building Lives and Molding Futures）中出演主要角色。2007年夏天，里格斯受邀在牛津圆桌会议上为意动研究做摘要。此外，她还经常出席当地、区级、国家及国际会议。

谢尔丽·果洛身兼教师、顾问和公立学校管理者数职。30多年来，她一直致力于大专教育，并担任职业发展联盟副主任。她与人合作出版《越过浮夸与幻想：徜徉到知识的海洋》（*Beyond Rhetoric and*

Rainbows：*A Journey to the Place Where Learning Lives*）一书，并在影片《让低产出的学生成功：构建人生，塑造未来》（Ensuring Success for "Low Yield" Students：Building Lives and Molding Futures）中出演主要角色。她曾出版过《简历艺术》（*Vitae Scholasticae*）、《高等教育中的黑人问题》（*Black Issues in Higher Education*）、《员工发展日志》（*The Journal of Staff Development*）、《职业与品质》（*Careers With Character*）等书。曾被评为年度教育家，获费黛奥塔·卡朋奖、杰出人物奖、奥本海默家族基金会奖、杰出教师奖、芝加哥地区家庭教师协会奖、素质教育部杰出贡献奖及芝加哥公立学校奖。